# ¡Una Revelación!

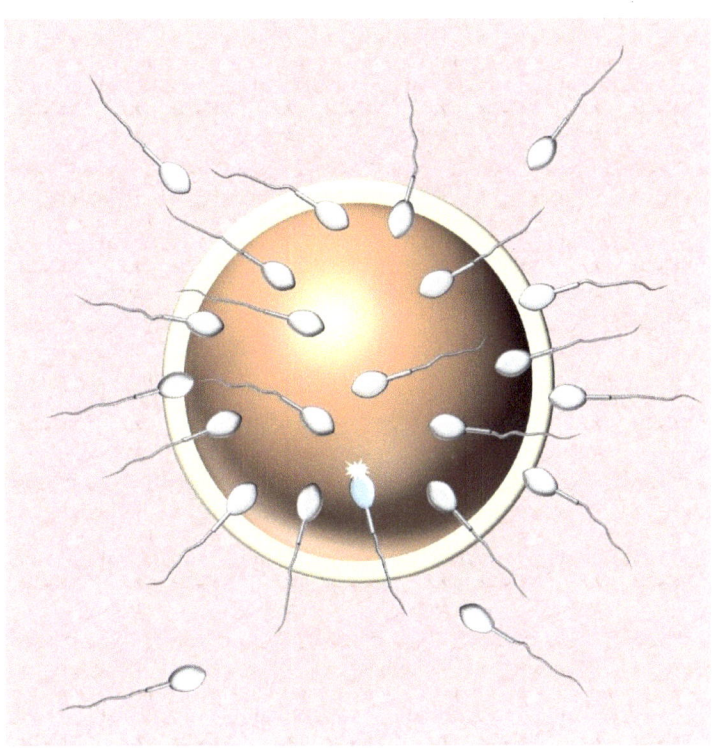

## COMBINACIÓN COMPLEMENTARIA DE CROMOSOMAS

por

Antonio J. González-Fernández®

Mayo 2021

# ©*Copyright*

Autor: **Antonio J. González-Fernández**®

Título: Fecundación por Combinación Complementaria de Cromosomas

Subtítulo: **¡Una Revelación!**

Editorial: **Documentos Digitales Originales**® – **DocDigOri**®

Fecha: 24 de mayo de 2021

Este libro fue editado por

**DocDigOri**®
**Documentos Digitales Originales**®
**Guanare – Venezuela**

fue publicado el
24 de mayo de 2021
especialmente para

y está disponible en

*https://www.amazon.com/dp/B095GS5PZ3*

**BIEN HECHO EN**

# DEDICATORIA Y AGRADECIMIENTO

*A "El Gran Conocedor".*

# ÍNDICE

| | Pág. |
|---|---|
| Portada Interna | i |
| ©Copyright | ii |
| DEDICATORIA Y AGRADECIMIENTO | iii |
| ÍNDICE | v |
| Prefacio: HACE TREINTA AÑOS | vii |
| RESUMEN | xi |
| ABSTRACT | xii |
| LA REVELACIÓN | 1 |
|     Los Cromosomas | 5 |
|     Los Cromosomas Sexuales | 12 |
| CONCLUSIONES | 15 |

Prefacio

# HACE TREINTA AÑOS

Hace treinta años tenía yo solo cinco años de graduado de Zootecnista y estaba cursando la maestría en Manejo de Fauna Silvestre en la Universidad de los Llanos Occidentales de Venezuela – UNELLEZ, en la cual trabajaba y aún trabajo como docente e investigador. Transcurría el mes de junio de 1991 y una noche estaba durmiendo en mi hamaca colgada en el corredor de la antigua casa colonial de la Hacienda Mozanga (Valencia, estado Carabobo, Venezuela), propiedad de mi padre y de un tío. La noche fue muy fresca y pude dormir desde temprano hasta aproximadamente las 5:00 de la madrugada. Cuando desperté sentía como si estuviese saliendo en una clase magistral muy importante.

Había tenido un largo sueño, muy nítido y a todo color, en el cual yo estaba como en un laboratorio, atendiendo la explicación de un experto a quien no vi en ningún momento del sueño, pero escuchaba su potente y profunda voz como si estuviera hablándome cerca del oído, pero no en voz baja. No recuerdo cómo se inició el sueño, el "Maestro" no me dijo quién era ni por qué estaba yo allí recibiendo aquella clase. Simplemente, de repente me vi allí recibiendo aquellas interesantes explicaciones con increíble claridad.

Me explicó con todo detalle y con apoyo de imágenes que yo veía a todo color en una proyección 3D en medio de aquel laboratorio, las imágenes aparecían como flotando el aire. Aquella clase magistral fue solo para mí, no había más nadie en aquel laboratorio, solo el experto y yo. En el sueño me sentía muy contento y hasta impresionado por haber sido seleccionado para recibir la valiosa información que me estaban dando. La clase fue sobre cómo ocurre la fecundación de un óvulo por un espermatozoide, en cualquier especie; aunque el ejemplo utilizado era el de la especie humana.

Con todo lujo de detalles, tanto en la explicación oral como en los gráficos e imágenes de apoyo de la proyección 3D, me fue explicado todo el proceso de la fecundación, cómo ocurre y por qué ocurren algunas circunstancias especiales. Las imágenes eran reales, como si hubiesen sido tomadas por un microscopio súper potente que mostraba hasta los detalles internos del óvulo y de los espermatozoides, podía ver los cromosomas, sus formas y sus partes. Mucho más detallado que lo que yo conocía hasta ese momento.

No soy ni he sido un investigador o experto en fisiología, en reproducción o en genética. Sin embargo, en mi condición de Zootecnista, sí tengo como parte de mi formación profesional conocimientos básicos sobre esas ciencias. Quizá por eso no me fue difícil entender toda la explicación de aquella clase que fue verdaderamente magistral. Por aquellos días yo no había estado investigando o leyendo nada sobre la fecundación. No había conversado con nadie sobre ese tema, mis estudios en la maestría eran sobre ecología, biodiversidad, análisis cualitativos y manejo de animales vivos de especies silvestres... ¿Por qué mi cerebro desarrolló y organizó todas esas ideas sobre la fecundación para presentármelas durante un sueño como si fuese una clase dictada por aquel "Gran Conocedor"? ¿Sería quizá el mismísimo Dios?

Aquella experiencia con ese sueño me impresionó. Desde entonces medito de vez en cuando en todo lo que me transmitieron en aquel sueño que no dudo en considerarlo una revelación. Como dije antes, no soy investigador sobre fisiología de la reproducción, fecundación o genética. Solo soy un mediano conocedor de esas ciencias porque son importantes para mi especialidad que es el manejo de animales vivos, tanto domésticos (ganadería) como silvestres (zoocría). Por eso no pude nunca profundizar en esos aspectos a través de una investigación formal.

Han pasado treinta años desde aquella Revelación y he decidido publicar esta experiencia en forma de un sencillo ensayo de ciencia para darlo a conocer a quienes sí son expertos sobre este tema tan importante y que pudieran realizar las investigaciones pertinentes para determinar su certeza mediante el método científico. Quizá algunos puntos de mi explicación no estén acordes con lo que ya se conoce por la ciencia, pero lo importante para cualquier investigación sería determinar si la Fecundación por Combinación Complementaria de Cromosomas – FCCC es tan cierta como lo parecía en aquel sueño que tuve hace 30 años… ¿Fue realmente una Revelación?

Este libro no pretende ser una obra científica porque no se deriva de ninguna investigación realizada por mí, ni cumple con los requisitos de lo que debe ser una publicación científica. Tal vez pudiera ser considerado más bien como un <u>ensayo breve de ciencia o de ciencia-ficción</u>, un producto más de mi imaginación que es capaz de volar incluso en piloto automático cuando estoy durmiendo. Mi objetivo con esta publicación es dar a conocer mi experiencia con aquel sueño revelador y ojalá sea leído por algún científico especialista en reproducción que se interese y pueda investigar esta hipótesis o teoría de la Fecundación por COMBINACIÓN COMPLEMENTARIA DE CROMOSOMAS. Estaré muy agradecido a los especialistas y lectores en general que me escriban a mi correo (*angonfer@gmail.com*) con sus opiniones y pareceres sobre este sencillo libro. De antemano…

*¡Muchas gracias!*

# Fecundación por Combinación Complementaria de Cromosomas

**Autor**
Dr. Antonio J. González-Fernández – *angonfer@gmail.com*

Universidad Nacional Experimental de los
Llanos Occidentales "Ezequiel Zamora" – **UNELLEZ**
Vicerrectorado de Producción Agrícola
Guanare, Estado Portuguesa, **Venezuela**.

## RESUMEN

En este libro presento a la comunidad científica internacional y a todos los lectores interesados en el tema mi hipótesis de la **Fecundación por Combinación Complementaria de Cromosomas – FCCC**, nacida o más bien recibida como una revelación durante un sueño. Esta hipótesis explica cuál es la principal condición que debe cumplir un espermatozoide para poder fecundar un óvulo. Se dice ahora que el óvulo selecciona al espermatozoide que lo puede fecundar, pero no es exactamente así. En el caso de la especie humana, las células del cuerpo tienen 23 pares de cromosomas. Tanto el óvulo como el espermatozoide tienen 23 cromosomas, uno de cada par. La FCCC nos dice que cada cromosoma de las células mantiene su identidad individual. No son exactamente iguales e intercambiables los dos cromosomas de un mismo par. En los centrómeros está la diferencia y podemos definirlos en cada par como un cromosoma A y un cromosoma B, uno recibido del padre y el otro de la madre. En una célula somática humana hay 23 cromosomas A y 23 cromosomas B; pero en un gameto, bien sea un óvulo o un espermatozoide, solo hay 23 cromosomas, uno de cada par A-B… Algunos son A y los otros son B. Los que le tocan a cada óvulo y a cada espermatozoide es producto del azar durante la división celular de la meiosis. Por ejemplo, a un óvulo le puede haber tocado los cromosomas 1B, 2B, 3A, 4B, 5A, 6A, 7A, 8B, 9B, 10A, 11B, 12B, 13A, 14A, 15B, 16A, 17B, 18B, 19A, 20B, 21B, 22A y 23A. Para que un espermatozoide pueda fecundar ese óvulo tiene que tener la <u>carga cromosómica complementaria</u>, para que el nuevo individuo que se forme tenga los 23 cromosomas A y los 23 cromosomas B. En este caso, solo un espermatozoide que tenga los cromosomas 1A, 2A, 3B, 4A, 5B, 6B, 7B, 8A, 9A, 10B, 11A, 12A, 13B, 14B, 15A, 16B, 17A, 18A, 19B, 20A, 21A, 22B y 23B podrá fecundar ese óvulo. El óvulo no selecciona el espermatozoide que lo fecundará, sino que tiene una combinación que funciona como si fuese una cerradura. Solo un espermatozoide que traiga la llave para esa combinación podrá entrar y formar un nuevo ser. Para la especie humana hay **8 388 608** combinaciones posibles ($2^{23}$). Por eso el sexo masculino tiene que producir tantos millones de gametos, para asegurar que haya algunos que tengan la combinación completaría a la del óvulo… y que, además, alguno llegue hasta él.

**Palabras Claves:** Reproducción, centrómeros, selección, óvulo, espermatozoide.

# Fertilization by
# COMPLEMENTARY COMBINATION OF CHROMOSOMES

**Author**

Dr. Antonio J. GONZÁLEZ-FERNÁNDEZ – angonfer@gmail.com

Universidad Nacional Experimental de los
Llanos Occidentales "Ezequiel Zamora" – **UNELLEZ**
Vicerrectorado de Producción Agrícola
Guanare, Estado Portuguesa, **VENEZUELA**.

## ABSTRACT

In this book, I present to the international scientific community and to all readers interested in the subject, my hypothesis of the **Fertilization by Complementary Combination of Chromosomes - FCCC**, which was born or rather was received as a revelation during a dream. This hypothesis seeks to explain what is the main condition that a sperm must meet in order to fertilize an ovule. Today is common to hear that the ovum selects the sperm that can fertilize it, but this is not exactly the case. In the case of the human species, the cells of the body have 23 pairs of chromosomes. Both the egg and the sperm have 23 chromosomes, one from each pair. The **FCCC** tells us that each chromosome maintains its individual identity. The two chromosomes of the same pair are not exactly equal or interchangeable. In the centromeres of each chromosome is the difference and we can define them in each pair as an "A chromosome" and a "B chromosome", one received from the father and the other from the mother. In a human somatic cell there are 23 "A chromosomes" and 23 "B chromosomes"; but in a gamete, be it an egg or a sperm, there are only 23 chromosomes, one from each A-B chromosomes pair... some are A and the others are B; it is the random product during meiotic cell division who determines which chromosomes have each ovum and each sperm. For example, an ovum may have the chromosomes 1B, 2B, 3A, 4B, 5A, 6A, 7A, 8B, 9B, 10A, 11B, 12B, 13A, 14A, 15B, 16A, 17B, 18B, 19A, 20B, 21B, 22A and 23A. In order for a sperm to be able to fertilize that egg, it has to bring the complementary chromosomal combination, so that the new individual has both the 23 "A chromosomes" and the 23 "B chromosomes". Only one sperm that has chromosomes 1A, 2A, 3B, 4A, 5B , 7B, 8A, 9A, 10B, 11A, 12A, 13B, 14B, 15A, 16B, 17A, 18A, 19B, 20A, 21A, 22B and 23B will can fertilize that egg. The egg does not select the sperm to fertilize it, but rather it has a combination that works like a lock. The sperm that brings the key to that combination will be able to enter and form a new being. For the human species there are **8 388 608** possible combinations ($2^{23}$). That is why the males have to produce so many millions of gametes, to ensure that there is some with the combination that would complete the combination of the ovum and that, in addition, some reaches him.

**Keywords:** Reproduction, centromeres, selection, ovum, sperm.

La Fecundación por
COMBINACIÓN COMPLEMENTARIA DE CROMOSOMAS - FCCC

## LA REVELACIÓN

En 1991 estaba yo iniciando la fase de campo de mi tesis de maestría sobre la depredación de ganado por jaguares (*Panthera onca*) y pumas (*Puma concolor*) en el Llano boscoso de Venezuela. Mis estudios e investigaciones estuvieron siempre enfocados hacia el manejo de animales vivos, tanto domésticos como silvestres, teniendo siempre como objetivo primordial el mejoramiento de la producción de los primeros y de la conservación de los segundos.

A mediados de junio de 1991 pasé unos días en la Hacienda MOZANGA, ubicada cerca de Valencia, en el estado Carabobo, Venezuela. Es una antigua casona de hacienda de la época de la Colonia, que ha sido propiedad de mi familia paterna desde 1891. Yo acostumbraba dormir allí en una hamaca colgada en el corredor.

Una de esas noches me metí en mi hamaca temprano, alrededor de las 9:30 p.m., y dormí profundamente hasta aproximadamente las 5:00 a.m., cuando me desperté muy tranquilo y meditabundo, pensando en un sueño que tuve que para mí fue muy nítido y esclarecedor, además de muy interesante. Fue un sueño largo, en colores y con muchos detalles; en el cual un experto a quien desde entonces llamo "El Gran Conocedor", me explicó muchos detalles sobre la fecundación de un óvulo por un espermatozoide. Fue como si hubiera visto un excelente documental científico, pero digo

**¡Una Revelación!**

que fue una clase magistral porque me permitía interactuar con el experto que me hacía la explicación.

Vista del corredor de la casa de la Hacienda Mozanga donde tuve la experiencia que relato en este libro.

Si hubiera sido una clase real estimo que tal vez habría durado unas dos horas, pero no tengo idea de cuánto duró realmente aquel sueño. En el sueño nunca vi al experto, yo era la única persona que estaba en aquel "laboratorio" para atender su explicación. Escuchaba su voz fuerte y potente, como si fuera el narrador de un documental, pero lo sentía como si me estuviera hablando muy cerca del oído, aunque no en voz baja. Su voz era grave y profunda.

"El Gran Conocedor" apoyaba sus explicaciones con la proyección de imágenes 3D que aparecían como en el aire, en el medio de aquel espacio. Tal vez era solo en mi imaginación donde iban proyectándose aquellas imágenes que me transmitía. Eran imágenes a todo color, como tomadas con un potentísimo microscopio, en las cuales se veía un óvulo humano transitando desde el ovario, a través de una de las trompas de Falopio para dirigirse hacia el útero. La voz me iba narrando y explicando los detalles que se veían en las imágenes. La narración no era como en un audiovisual, la voz estaba allí presencialmente explicándome todo. Yo podía interrumpirle para preguntarle algo y me respondía de inmediato.

De repente el óvulo, aun en la trompa, se encuentra con los espermatozoides que van llegando y lo rodean por todos lados. El Gran Conocedor destaca y hace que me dé cuenta de que ninguno de esos espermatozoides que fueron los primeros en llegar puede entrar al óvulo para fecundarlo. Por lo tanto, no es el más veloz, ni el más hábil en navegar a través del tracto reproductivo. El que va a fecundar el óvulo no es necesariamente de los primeros que llegan. En aquella "película" que se me presentaba, se notaban los espermatozoides como desesperados por ingresar al óvulo.

## ¡Una Revelación!

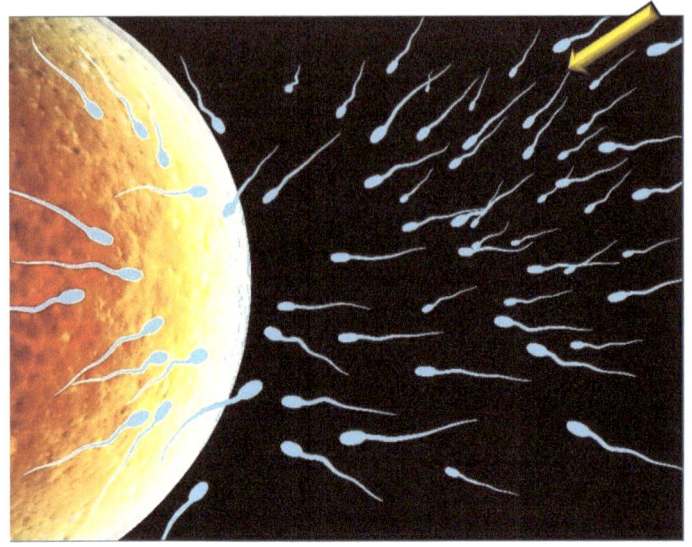

Muchos espermatozoides se mantenían en los alrededores del óvulo, recorriendo su superficie tratando de entrar para fecundarlo.

El Gran Conocedor hizo que centrara mi atención en un espermatozoide que aún venía lejos, por el útero, en medio de varios cientos o miles de ellos. Me dijo: *"No le quites la vista a este espermatozoide"* y me lo señaló con una flecha amarilla en la proyección 3D. No se le notaba nada especial, era simplemente uno más en medio de aquel "cardumen". Si no fuese por la flecha que se mantenía señalándolo, me habría costado seguirlo porque era fácil confundirlo. Todos se veían iguales y todos nadaban muy juntos.

Por fin aquel grupo de espermatozoides llegó hasta el óvulo y lo rodearon. El que estaba señalado con la flecha solo se acercó y al tocar el óvulo hubo como una minúscula explosión de luz, como un chispazo casi imperceptible. No me pareció que el espermatozoide entró, más bien creo que fue succionado por el óvulo.

En este punto la voz del Gran Conocedor me lanzaba preguntas que yo sé que son o han sido algunas de las grandes interrogantes que se ha hecho el hombre en relación con la fecundación:

- ¿Por qué los primeros en llegar no habían podido entrar?
- ¿Qué particularidad o diferencia tenía ese espermatozoide que sí logró entrar?

Y finalmente unas preguntas en las cuales hizo mucho énfasis:

- ¿Por qué la Evolución hizo que los machos produzcan tantos millones de espermatozoides?
- ¿Por qué no evolucionaron para producir unas cuantas decenas o centenas de espermatozoides que fueran grandes, fuertes y capaces para llegar hasta el óvulo y quizá con mayor longevidad dentro de la hembra para asegurar que estén allí en el mejor momento de fertilidad de la hembra y del óvulo para fecundarlo?
- ¿Acaso deben los machos producir tantos espermatozoides para asegurar el cumplimiento de alguna condición o barrera de índole probabilística?

## Los Cromosomas

Luego de ver cómo ocurre la fecundación, la explicación pasó al interior de las células del cuerpo, mostrándome imágenes de las diferentes partes de una célula, desde el exterior hasta el núcleo y más adentro. Me mostró el interior del núcleo y pude ver en las imágenes los cromosomas.

**¡Una Revelación!**

El Gran Conocedor me explicó las partes de un cromosoma y destacó que en los brazos de los cromosomas está la cadena de ADN que reúne las características genéticas de cada ser viviente. Por lo tanto, es muy importante que la división celular en la Meiosis que forma los óvulos y espermatozoides ocurra normalmente. Y que luego de la fecundación, la división celular de la Mitosis para desarrollar el embrión y el nuevo individuo, también ocurra sin anomalías que podrían ser origen de defectos genéticos.

En el núcleo de una célula corporal o somática del hombre hay 46 cromosomas que son realmente 23 pares, tal como puede apreciarse en la siguiente imagen de un microscopio:

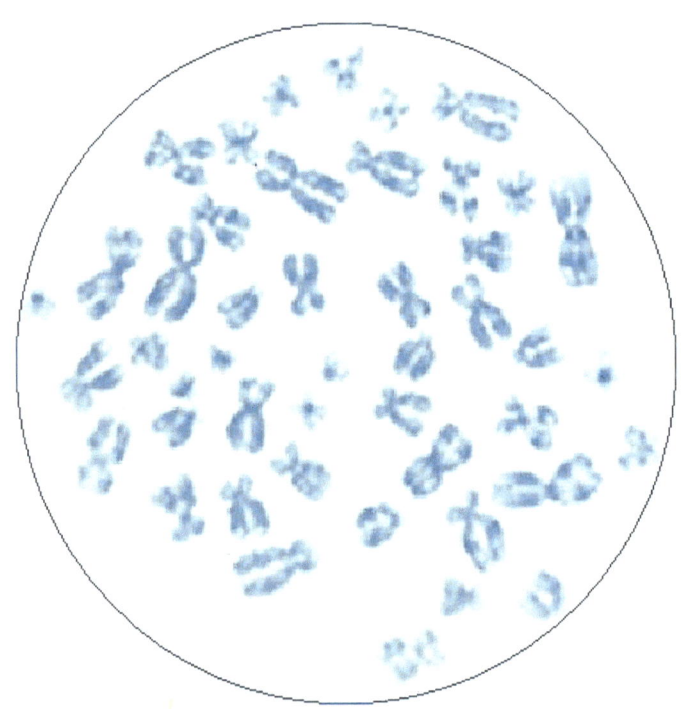

Imagen de un microscopio en la cual se observan los cromosomas dentro del núcleo de una célula somática.

La Fecundación por Combinación Complementaria de Cromosomas - FCCC

En cada par, uno de los cromosomas se heredó del padre y el otro de la madre. El Gran Conocedor me explicó que cada cromosoma tiene en el centro o, mejor dicho, en donde se unen los brazos, lo que se denomina el centrómero y que allí radican unas diferencias muy importantes entre los dos cromosomas de cada par: a uno lo llamaremos A y al otro B, ellos no se confunden, aunque para nosotros aún con el microscopio más poderoso puedan parecernos idénticos.

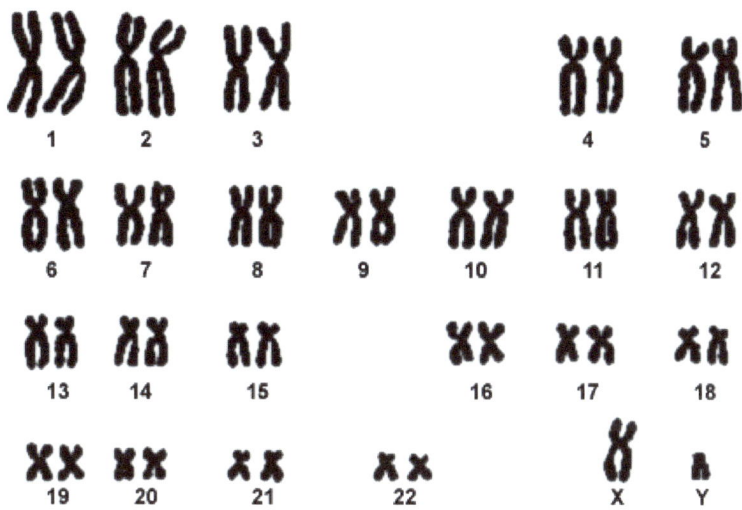

Los 46 cromosomas de una célula humana ordenados por parejas. Nótese que la forma general de los cromosomas de una pareja es muy similar. Los cromosomas sexuales X y Y conforman el par #23.

**¡Una Revelación!**

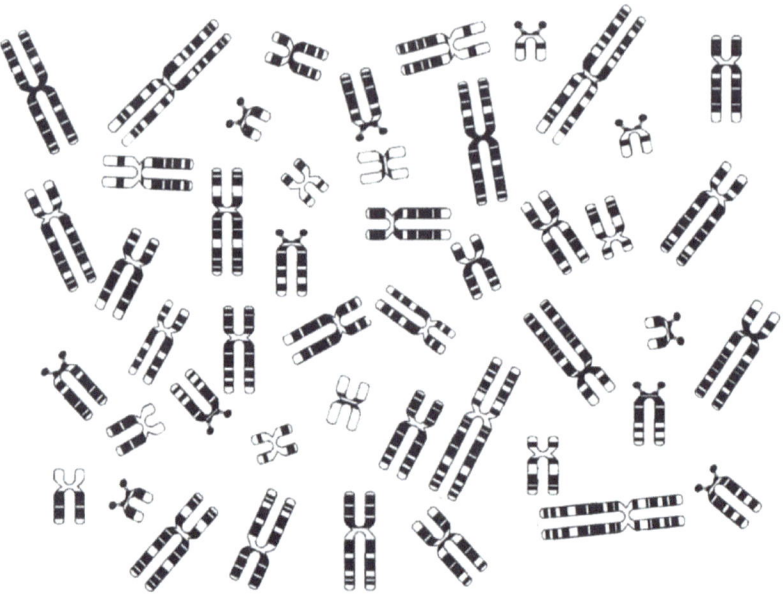

Los 46 cromosomas de una célula humana tal como se verían luego de la tinción de Giemsa que permite ver las Bandas G, lo cual facilita la identificación visual correcta de los cromosomas del mismo par.

En el caso de la especie humana tenemos 23 pares de cromosomas en las células del cuerpo, que son entonces:

| | | | | | |
|---|---|---|---|---|---|
| 1A | 1B | 9A | 9B | 17A | 17B |
| 2A | 2B | 10A | 10B | 18A | 18B |
| 3A | 3B | 11A | 11B | 19A | 19B |
| 4A | 4B | 12A | 12B | 20A | 20B |
| 5A | 5B | 13A | 13B | 21A | 21B |
| 6A | 6B | 14A | 14B | 22A | 22B |
| 7A | 7B | 15A | 15B | 23A | 23B |
| 8A | 8B | 16A | 16B | | |

Todas las células del <u>cuerpo humano</u> tienen esas 23 parejas de cromosomas; pero durante el proceso de división celular para formar los gametos o células reproductivas, que en nuestro caso llamamos óvulo al gameto femenino y espermatozoide al gameto masculino, ocurre una división meiótica donde a partir de una célula diploide (2n) se producen primero dos y luego cuatro células que solo tienen un cromosoma de cada par, son células haploides (n). Después de la división, en la hembra una sola de esas cuatro células llega a transformarse en un ÓVULO y en el macho se transforman las cuatro en ESPERMATOZOIDES. Cada óvulo y cada espermatozoide tienen solo 23 cromosomas que son <u>uno de cada par</u>.

El Gran Conocedor durante toda la clase enfatizaba que lo mismo ocurre en todas las especies, pero que utilizaba el caso de la especie humana como ejemplo por ser el caso mejor conocido y de mayor interés. Una diferencia importante entre las especies, es la cantidad de cromosomas que tiene cada una. A continuación el número diploide (2n) que es la cantidad de cromosomas de una célula somática (diploide) y de un gameto (haploide) para varias especies animales:

Cantidad de cromosomas en las células somáticas y en los gametos (óvulo y espermatozoide).

| ESPECIE | Célula Somática (Diploide) | Gameto (Haploide) |
|---|---|---|
| Cerdo | 38 | 19 |
| Gato | 38 | 19 |
| Conejo | 44 | 22 |
| Hombre | 46 | 23 |
| Búfalo | 48 | 24 |
| Chimpancé | 48 | 24 |
| Carnero | 54 | 27 |
| Toro | 60 | 30 |
| Cabra | 60 | 30 |
| Burro | 62 | 31 |
| Caballo | 64 | 32 |
| Perro | 78 | 39 |

**¡Una Revelación!**
Aquí llegamos al meollo de aquella Revelación:

Si por ejemplo, a un óvulo le tocaron por azar en la división meiótica los cromosomas 1B, 2B, 3A, 4B, 5A, 6A, 7A, 8B, 9B, 10A, 11B, 12B, 13A, 14A, 15B, 16A, 17B, 18B, 19A, 20B, 21B, 22A y 23A, que son uno de cada par, solo podrá ser fecundado por un espermatozoide que tenga los cromosomas 1A, 2A, 3B, 4A, 5B, 6B, 7B, 8A, 9A, 10B, 11A, 12A, 13B, 14B, 15A, 16B, 17A, 18A, 19B, 20A, 21A, 22B y 23B que es la "combinación complementaria" a los que tiene el óvulo. De esta manera se asegura que el nuevo individuo que se formará tenga los 23 pares completos, que son los 23 "cromosomas A" y los 23 "cromosomas B".

En el caso del humano, si para cada par hay dos posibilidades que son A y B, y son 23 pares, entonces hay 2 x 2 x 2 x 2 x 2 x 2 x 2 x 2 x 2 x 2 x 2 x 2 x 2 x 2 x 2 x 2 x 2 x 2 x 2 x 2 x 2 x 2 x 2 = $2^{23}$ = 8 388 608 combinaciones posibles. La probabilidad de que un espermatozoide tenga la carga cromosómica complementaria a la de un óvulo es de 1 por cada 8 388 608 espermatozoides. La fecundación sí es, por lo tanto, un asunto matemático, o más específicamente, probabilístico.

Los médicos e investigadores en fertilidad han determinado que la concentración espermática normal en el hombre está alrededor del 100 millones de espermatozoides por mililitro y con promedio de 2 ml por eyaculación son aproximadamente 200 millones de espermatozoides en una eyaculación. Si dividimos 200 millones entre las 8 388 608 millones de posibilidades, encontramos que en una eyaculación promedio debe haber solo unos 24 espermatozoides con la carga cromosómica complementaria a la de cualquier óvulo. Por eso es que los machos tienen que producir tantos millones de espermatozoides: tienen que superar la barrera probabilística.

Si esta hipótesis o teoría de la Fecundación por Combinación Cromosómica Complementaria es verdadera, las especies con más cromosomas deberían tener también mayor cantidad de espermatozoides en una eyaculación, para que las posibilidades de lograr la fecundación y preñez no sean demasiado bajas. Sin embargo, esa relación puede verse afectada por otro factor que es el tamaño corporal de la especie. Se ha determinado que la cantidad total de espermatozoides y el tamaño de estos están relacionados estrechamente con el tamaño corporal de la especie. Mientras más grande es la especie, los espermatozoides tienden a ser más pequeños, pero su concentración es más alta. Eso se atribuye a una adaptación evolutiva porque en un animal grande como un elefante o una jirafa, el tracto reproductivo de la hembra que deben recorrer los espermatozoides para alcanzar al óvulo es mucho más largo y la probabilidad de perderse en ese trayecto es más alta.

A continuación un cuadro comparativo entre la cantidad de cromosomas, la probabilidad de coincidencia de la carga cromosómica entre el óvulo y el espermatozoide, la concentración espermática y cantidad total de espermatozoides por eyaculación para varias especies.

## ¡Una Revelación!

Cantidad de cromosomas en las células de los gametos, probabilidad de coincidencia entre las combinaciones cromosómicas de dos gametos, concentración espermática y cantidad total de espermatozoides en una eyaculación para varias especies de mamíferos.

| Especie | Cromosomas en Gametos (n) | Probabilidad de Coincidencia ($2^n$) | Concentración Espermática (Esperm./ml) | Cantidad Total de Esperm./Eyac. |
|---|---|---|---|---|
| Cerdo | 19 | 521 288 | 200 000 000 | 40 000 000 000 |
| Gato | 19 | 521 288 | 1500 000 000 | 100 000 000 |
| Conejo | 22 | 4 194 304 | 500 000 000 | 300 000 000 |
| Hombre | 23 | 8 388 608 | 100 000 000 | 200 000 000 |
| Búfalo | 24 | 16 777 216 | | |
| Chimpancé | 24 | 16 777 216 | | |
| Carnero | 27 | 134 217 728 | 3000 000 000 | 3000 000 000 |
| Toro | 30 | 1 073 741 824 | 1100 000 000 | 5500 000 000 |
| Macho Cabrío | 30 | 1 073 741 824 | 2400 000 000 | 2000 000 000 |
| Asno | 31 | 2 147 483 648 | | |
| Caballo | 32 | 4 294 967 296 | 150 000 000 | 9000 000 000 |
| Perro | 39 | 549 755 813 888 | 300 000 000 | 1500 000 000 |

## Los Cromosomas Sexuales

En la especie humana el par #23 está conformado por los cromosomas que definen el sexo que se denominan X y Y. Es el único par en el que ambos cromosomas no son siempre iguales o casi iguales, al menos ante nuestra vista por un microscopio.

Si en ese par #23 un individuo tiene dos cromosomas X será una mujer y si tiene un cromosoma X y uno Y será un varón. La madre tiene dos cromosomas X y, por lo tanto, solo puede aportar uno de ellos cuando se forma el óvulo. En cambio, el padre aporta un espermatozoide que puede tener un cromosoma X o uno Y. Si el espermatozoide que fecunda el óvulo tiene un cromosoma X, el hijo será XX y será hembra (mujer); pero si tiene el cromosoma Y, el hijo será XY y será macho (varón).

Por eso se dice regularmente que en los mamíferos el padre es quien determina si el hijo será macho o hembra, aunque esa decisión no ocurre a conciencia, sino que es producto del azar. Sin embargo, con esta hipótesis de la Fecundación por Combinación Complementaria de Cromosomas el asunto sobre quién define el sexo del hijo puede dar un giro.

Dado que las hembras son XX, eso quiere decir que existen cromosomas X que deben ser A ($X_A$) y otros que deben ser B ($X_B$); pero con los cromosomas Y no ocurre lo mismo… No existen cromosomas $Y_A$ y $Y_B$, sino solamente uno que es el mismo en todos los hombres y lo identificaremos como $Y_0$. Si un hombre tiene el par $X_A Y_0$, sus espermatozoides tendrán el $X_A$ o el $Y_0$. Si el óvulo tiene el cromosoma $X_B$, el espermatozoide que lo fecunde puede tener el $X_A$ o el $Y_0$; pero si el óvulo tiene el $X_A$, el espermatozoide debe tener el $Y_0$ porque si no quedaría el embrión con dos cromosomas $X_A$.

Si fuese así, nacerían 75 % de varones y 25 % de hembras. Eso no ocurre, afortunadamente todo parece indicar que la determinación del sexo de los hijos ocurre al azar y la proporción de nacimientos siempre ronda 50 % de niñas y 50 % de niños. Por lo tanto, quiere decir que los dos cromosomas X de la hembra, no son un $X_A$ y un $X_B$, sino que es el mismo X dos veces. No importa cuál cromosoma X tenga el óvulo, cualquier espermatozoide con X o con Y podrá fecundarlo si cumple con la combinación complementaria para los otros 22 cromosomas.

**¡Una Revelación!**

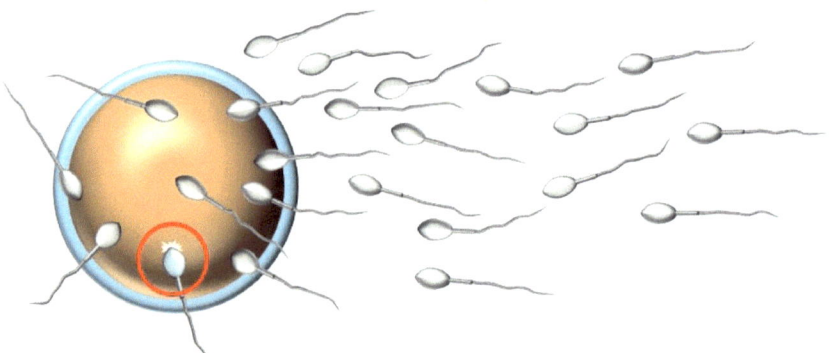

Representación del momento en que el espermatozoide que tiene la combinación de cromosomas complementaria a la del óvulo logra entrar y fecundarlo.

## CONCLUSIONES

- Es importante resaltar una vez más que esta hipótesis de la Fecundación por COMBINACIÓN COMPLEMENTARIA DE CROMOSOMAS no surgió de investigaciones, ni siquiera de profundas lecturas científicas sobre el tema. Sin embargo, dado su origen en forma de revelación y lo bien que explica algunos asuntos, consideré que ameritaba su difusión y por eso la presento en este breve ensayo de ciencia.

- Posiblemente los cromosomas X y Y en las células somáticas no forman realmente un par, sino que son dos cromosomas independientes, de los cuales solo uno queda normalmente en cada célula sexual o gameto.

- Quizá el mejor indicio de que la FCCC sí puede ser cierta es su explicación del por qué los machos en todas las especies tienen que producir centenas o miles de millones de gametos en cada eyaculación. Es así para poder superar la barrera de las probabilidades debido a la gran cantidad de combinaciones posibles en los cromosomas de cualquier óvulo.

- Esta publicación espero sirva como un punto de partida o estímulo a algún investigador científico que trabaje en reproducción, fecundación, fertilidad y genética para futuros proyectos de investigación... *¡Adelante!*

**¡Una Revelación!**

Este libro fue editado por

**DocDigOri**®
**Documentos Digitales Originales**®
**Guanare – Venezuela**

Fue publicado el
24 de mayo de 2021
especialmente para

y está disponible en

*https://www.amazon.com/dp/B095GS5PZ3*

www.ingramcontent.com/pod-product-compliance
Lightning Source LLC
Chambersburg PA
CBHW041949240526
45473CB00036B/2790